TRAITEMENT

DES

AFFECTIONS RHUMATISMALES

ET GOUTTEUSES

DES MALADIES DE LA PEAU, DES HYDROPISIES
DES ENGORGEMENTS ABDOMINAUX, DES TUMEURS BLANCHES, ETC.

PAR L'USAGE DES BAINS DE VAPEUR

DU

BALNÉOTHERME PORTATIF

ET DE SES AVANTAGES

Par le Dr POMIER

MEMBRE ET LAURÉAT DE PLUSIEURS SOCIÉTÉS SAVANTES.

Prix : 60 centimes.

PARIS

AU DÉPOT GÉNÉRAL DU BALNÉOTHERME PORTATIF

4, rue de la Lingerie

1862

TRAITEMENT

DES

AFFECTIONS RHUMATISMALES

ET GOUTTEUSES.

PARIS. — IMP. W. REMQUET, GOUPY ET Ce, RUE GARANCIÈRE, 5.

TRAITEMENT

DES

AFFECTIONS RHUMATISMALES

ET GOUTTEUSES

DES MALADIES DE LA PEAU, DES HYDROPISIES
DES ENGORGEMENTS ABDOMINAUX, DES TUMEURS BLANCHES, ETC.
PAR L'USAGE DES BAINS DE VAPEUR.

DU

BALNÉOTHERME PORTATIF

ET DE SES AVANTAGES

Par le Dr E. POMIER

Membre et lauréat de plusieurs sociétés savantes.

———❧———

PARIS

AU DÉPOT GÉNÉRAL DU BALNÉOTHERME PORTATIF

4, RUE DE LA LINGERIE

—

1862

TRAITEMENT

DES

AFFECTIONS RHUMATISMALES

ET GOUTTEUSES

I

La fièvre de progrès qui anime notre siècle, produit tous les jours, dans l'industrie et les sciences, des découvertes admirables qui imprimeront à notre époque un souvenir ineffaçable dans l'histoire. La science de l'homme, la médecine, qui a pour but de préserver et de guérir tout être qui souffre, n'est pas restée en arrière : des appareils nouveaux , des méthodes nouvelles de traitement, sont venus augmenter les moyens curatifs que nous possédions déjà, et dont l'observation de nos pères nous avait dotés jusqu'à ce jour; mais pour que ces moyens nouveaux remplissent vraiment leur but d'utilité, ils doivent être répandus et mis à la portée de tous. C'est ce qui nous a engagé à exposer, dans ce petit opuscule, les avantages que présente notre appareil, et ce que l'on peut en attendre. Plus modeste que les propagateurs d'une nouvelle doctrine ou d'une nouvelle médication, nous sommes demeurés dans le traitement employé avec succès, depuis des siècles, contre les affections rhumatismales et goutteuses; nous voulons parler des bains de vapeur. Seulement, comme les étuves thermales sont situées au loin et ne sont pas accessibles à tous, qu'elles varient, en outre, entre elles, et suivant leur température et suivant leur composition médicamenteuse, nous avons imaginé un petit appareil, qui constitue une étuve thermale portative variant pour la vapeur, suivant les substances médicamenteuses qui sont employées, et qui permet d'administrer en tout lieu tous les genres de bains de vapeur et toutes les fumigations en usage jusqu'à nos jours.

II

DES BAINS DE VAPEUR DANS L'ANTIQUITÉ ET DE NOS JOURS.

Le bain oriental, ou de vapeur, remonte à la plus haute antiquité. Les temples de l'Inde, de l'Égypte et de la Grèce possédaient des étuves où les prêtres allaient se délasser des fatigues du culte. Dans le temple de Memphis, il existait une magnifique salle de bains, où l'eau, la vapeur et les parfums étaient prodigués pour compléter le bien-être des baigneurs.

Les Romains adoptèrent le bain de vapeur, et surpassèrent tous les peuples du monde par la magnificence de leurs constructions en ce genre. Alors ces bains devinrent une ressource pour le traitement d'une foule de maladies, et les médecins, à l'exemple d'Hippocrate, se servirent désormais du bain de transpiration comme d'un puissant moyen thérapeutique. Les Romains dotèrent de leurs étuves tous les peuples qu'ils soumirent à leur domination : l'Espagne, les

Gaules, la Germanie, les îles Britanniques, eurent des bains de vapeur comme ceux de la métropole ; et les immenses vestiges que nous voyons encore aujourd'hui témoignent de la haute importance que ces peuples attachaient aux bains de vapeur. Les musulmans usent exclusivement de ces sortes de bains, et ne les négligent jamais ; car c'est pour eux un précepte de religion.

Le bain russe est le bain de vapeur dans la simplicité primitive, tel que le pratiquaient les Scythes au temps du jeune Anacharsis. Il se compose d'une seule pièce garnie de banquettes. C'est sur ces banquettes que se couchent les baigneurs. Dans un des angles de la salle est un large fourneau muni d'un gril à l'intérieur. Ce gril est chargé de cailloux plats, qu'un feu ardent tient toujours à l'état incandescent. Des hommes attachés au bain versent de temps à autre de l'eau sur les cailloux rougis, et l'étuve, sèche d'abord, devient alors étuve humide ; une vapeur épaisse, ardente, s'élève dans la salle, et bientôt la sueur ruisselle en abondance du corps des baigneurs. La chaleur s'y élève de 50° à 70°. Après cela, les Russes reçoivent l'étuve d'eau savonneuse ou d'eau froide, ou bien se roulent dans la neige en hiver. Ils s'étendent ensuite et s'endorment sur un bon lit.

Le peuple russe est passionné pour ces sortes de bains. On trouve dans presque toutes les localités de l'empire des bains semblables. Dans les villages, le bain est commun aux hommes et aux femmes : tout le monde, sans distinction d'âge et de sexe, s'y baigne pêle-mêle.

En France, la plupart des stations thermales possèdent des étuves médicamenteuses naturelles produites par la vapeur d'eau qui s'échappe de sources d'eau chaude, et qui, suivant sa composition, a des propriétés thérapeutiques variées. Telles sont les étuves sulfureuses, alcalines, etc. Dans quelques grands centres de population, on a construit, à très-grands frais, des étuves artificielles demandant, pour leur fonctionnement régulier, un générateur de vapeur, qui fonctionne à une pression de trois ou quatre atmosphères ; mais la plupart des villes de second ordre et surtout les villages sont privés de ce genre de médication : de là un grand nombre de malades des villes et des campagnes, qui guériraient facilement par ces moyens, voient prolonger leurs souffrances à l'infini, faute de pouvoir les employer ; et beaucoup de médecins renoncent souvent ainsi à une médication sûre, si elle était facile.

Nous offrons aujourd'hui, pour obvier à ces inconvénients, l'usage du Balnéotherme portatif, et nous faisons des vœux pour que sa propagation se fasse dans les villes comme dans les campagnes.

Tout habitant des villes pourra donc, avec notre appareil, se soumettre à une médication des bains de vapeur sans s'exposer, surtout pendant l'hiver, à des déplacements onéreux qui amènent en outre de la fatigue ou du refroidissement, et font souvent un mal du bien que l'on allait chercher.

III

DU BALNÉOTHERME PORTATIF. — DESCRIPTION DES PARTIES QUI LE COMPOSENT.

Le Balnéotherme portatif se compose d'un générateur de vapeur et de parties accessoires.

Le générateur de vapeur fournit la vapeur d'une manière uniforme et en nappe. La vapeur prend naissance dans la chambre artificielle que nous formons avec le système de mâture que nous allons décrire, à l'instar des étuves thermales; de cette façon, le malade n'est pas sujet à éprouver des brûlures qui sont souvent produites avec les appareils portatifs ordinaires, lorsque l'on fait arriver la vapeur à l'aide d'un tuyau conducteur. Il est formé de quatre parties en cuivre, la première qui repose sur le sol est une lampe à esprit-de-vin à quatre becs. Des capsules à vis permettent d'augmenter ou de diminuer la vapeur, en allumant une ou plusieurs mèches à la fois.

La seconde partie, est une chaudière, qui devra être étamée, si, pour des cas exceptionnels, l'on a à employer des préparations mercurielles. Elle reçoit les liquides simples ou médicamenteux que l'on emploie, et qui sont réduits en vapeur.

La troisième partie est un diaphragme percé de trous; il recoit les plantes diverses à vaporiser.

La quatrième partie est un couvercle muni de trous qui, tout en laissant passer la vapeur produite, la diminue néanmoins; aussi quand on voudra agir instantanément et produire au plus tôt une forte vapeur, devra-t-on supprimer le couvercle au début de l'opération.

Les parties accessoires se composent de deux systèmes de tringles, qui forment deux genres de mâtures, suivant que l'on emploie l'appareil pour un bain complet, ou pour des fumigations partielles, et d'une toile imperméable qui retient la vapeur, et assure une température constante de 32° et plus. Le premier système de mâture se compose de deux cerceaux incomplets par rapport au cercle, qui, réunis au moyen d'agrafes et de trois baguettes de fer ajoutées, constituent une voûte sous laquelle le malade, préalablement étendu tout nu sur un matelas ou sur son lit, doit être placé.

Le second système se compose également de baguettes de fer qui, réunies d'une autre façon, permettent au malade de soumettre, soit les jambes partiellement, soit un bras, à des fumigations. Avec ce dernier système, on peut également ment prendre un bain de vapeur complet et dans la position assise; mais nous conseillerons toujours la position horizontale, qui par l'abandon des muscles et la position aisée, produit des effets bien meilleurs, et évite surtout les congestions au cerveau, si communes dans la position assise.

La toile imperméable doit être placée, de manière à intercepter tout passage de la vapeur produite, qui est ainsi concentrée sur le corps soumis à son influence, et produit de cette façon une ondation bienfaisante.

IV

DES AFFECTIONS QUI RÉCLAMENT L'EMPLOI DU BALNÉOTHERME PORTATIF.

Le Balnéotherme portatif produisant les mêmes effets que les étuves thermales, et pouvant servir à administrer toutes les fumigations possibles, pourra être employé avec succès dans toutes les affections où la sudation est utile.

Nous mentionnerons principalement les rhumatismes musculaires ou articulaires, aigus ou chroniques; la goutte, le lumbago, les classes si nombreuses des maladies de la peau, surtout à l'état chronique, l'œdématie idiopathique, les hydropisies, les engorgements par congestion, les tumeurs blanches, les ankyloses, le tétanos, la dysménorrhée, l'asphyxie par submersion.

V

MANIÈRE DE PRENDRE UN BAIN DE VAPEUR AU BALNÉOTHERME PORTATIF.

Le bain de vapeur peut être administré sur un matelas, sur une chaise, ou dans le lit même du malade.

1º Sur un matelas : faites mettre le malade tout nu sur un matelas, recouvert d'un drap ou d'une toile imperméable. Si l'on veut préserver de toute humidité le matelas, près de son lit : unissez ensemble les pièces diverses qui réunies, forment la mâture devant soutenir le drap imperméable, et mettez-la au-dessus de lui. Faites appuyer la tête du malade sur un oreiller soulevé par le dos d'une chaise renversée, que vous placez du côté de la tête du malade. Placez le générateur de vapeur allumé en totalité ou en partie, suivant l'effet plus ou moins actif que vous voulez produire, au pied du matelas et sur le parquet, laissant dépasser le berceau pour que la vapeur s'échappe facilement ; ayez soin que la toile imperméable recouvre de toutes parts le berceau formé par les tringles, et si, vers le milieu du bain, qui doit en général durer de trente à cinquante minutes, le malade éprouvait trop de chaleur, faites-lui un instant respirer de l'air extérieur en lui découvrant la tête.

L'opération achevée, mettez le malade dans son lit, couvrez-le de plusieurs couvertures ou d'un édredon, et laissez-le une heure au repos. C'est après ce calme, qu'il éprouvera le soulagement ordinaire de cette médication.

2° Sur une chaise : montez le système de tringles destinées aux fumigations. Faites asseoir le malade sur une chaise, nu ou en lui conservant sa chemise, ce qui dans ce cas ne peut nuire : enveloppez-le de la toile imperméable lui laissant la tête libre, placez le générateur de vapeur allumé à ses pieds ou entre ses jambes, et laissez-le sous l'influence de la vapeur trente minutes au plus, ce qui est bien suffisant dans cette position. Ayez soin de tenir, toute la durée de l'opération, des compresses trempées dans l'eau fraîche, sur le front du malade, pour éviter ou diminuer la tendance aux congestions cérébrales, et après le bain mettez le malade au lit.

3° Dans le lit du malade. Ce mode doit être principalement employé pour les bains de vapeur sèche, car alors le malade peut, après le bain, demeurer dans son lit qui n'est pas humide; et pour les malades impotents qu'un déplacement gênerait ou pour les tétaniques. Dans ce cas, on devra surveiller le générateur de vapeur, qui sans cela pourrait être renversé par quelques mouvements désordonnés et involontaires du malade.

Pour administrer un bain de vapeur dans le lit même du malade, on découvrira d'abord le malade entièrement, pour pouvoir placer le berceau tout monté ; on placera aux pieds du malade et contre le bois du lit une planche assez longue et assez large pour pouvoir soutenir aisément le générateur de vapeur que l'on placera dessus. Cela fait, on soumettra le malade à l'influence de la vapeur pendant une durée qui ici pourra se prolonger de trois quarts d'heure à une heure.

VI

MANIÈRE DE PRENDRE DES FUMIGATIONS PARTIELLES.

On formera avec les baguettes de fer, la mâture, de forme carrée, destinée aux bains sur la chaise et aux fumigations, et le malade, assis sur un escabeau, exposera sous cette voûte le membre, nu, qu'il doit soumettre aux fumigations. Un meuble quelconque, de petit volume, une caisse ou un petit guéridon, pourra être placé sous la mâture, pour servir de point d'appui au membre et ne point occasionner de fatigue au malade.

VII

MANIÈRE DE PRENDRE DES DOUCHES DE VAPEUR.

On dressera la mâture comme pour le bain sur le matelas, et l'on aura recours au couvercle spécial muni d'un tube terminé par un filet ou une pomme d'arrosoir, pour diviser et diriger la vapeur sur la partie malade (1).

VIII

COMPOSITION DES DIVERS BAINS DE VAPEUR ET DES DIVERSES FUMIGATIONS AU BALNÉOTHERME.

Les substances qu'on peut administrer par la vapeur sont très multipliées. Appliquées en étuve en vapeur humide, en fumigations, elles peuvent équivaloir aux eaux minérales, dont beaucoup de personnes sont privées de faire usage. Le Balnéotherme portatif est construit de façon à remplacer à domicile le bain de vapeur pris en étuve. Le malade a la tête sous le berceau, qui forme une chambre de vapeur factice. Il n'est pas soumis à une température aussi forte que celle du bain de vapeur en boîte, car on ralentit à volonté la pro-

(1) Ce couvercle spécial, ainsi que la deuxième mâture pour fumigations et bains assis, sont fournis sur demande au dépôt général.

duction de la vapeur, mais qui prolongée, produit des résultats bien meilleurs et qui ne peuvent jamais être nuisibles. Ce qui importe dans un bain de vapeur, c'est que la chaleur ne soit pas trop élevée ; sans cela vous produisez, comme dans les boîtes, où la sueur ne s'opère que par l'action seule de la vapeur sur la peau, puisque le malade a sa figure hors la boîte, et qu'il respire l'air extérieur, un accroissement considérable dans l'activité de la circulation, et le sang afflue à la tête et y produit des congestions très-dangereuses.

Le vinaigre, le camphre, le succin, la myrrhe, le goudron, les plantes astringentes et aromatiques, benjoin, genièvre, arnica, toutes les gommes, les oxydes métalliques, peuvent être employés. On vaporise encore des substances végétales ou animales par infusion ou par décoction, mélangées avec des acides ou des liqueurs alcooliques ; le baume de Fioraventi, l'éther, l'acide acétique, l'ammoniaque, etc.

Nous allons, parmi ces substances, indiquer les plus usitées et la dose à employer.

Bain de vapeur sèche.

On emploie simplement la lampe à alcool en allumant les quatre mèches.

Bain de vapeur humide.

On place dans la chaudière de l'eau aux deux tiers, et pour agir plus vite et économiser une certaine quantité d'alcool, il est bon de se servir d'eau bouillante. Pour les bains composés, on procède ainsi qu'il suit :

On les met sur le diaphragme, ou grille, et l'on supprime dans ce cas la chaudière.

Ces fumigations conviennent dans les douleurs rhumatismales musculaires, le lumbago, et quelques médecins les ont recommandées dans le cas d'anasarque des enfants.

Fumigation alcoolique.

℞ Alcool. . . . . 100 grammes.
Eau . . . . q. s.
Excitante et tonique.

Fumigation des plantes aromatiques en général.

℞ Benjoin. . . . . . . 100 grammes.
Eau bouillante. . . . q. s.

Diverses plantes aromatiques peuvent être associées ensemble en infusion dans la chaudière remplie d'eau.

Fumigation de genièvre.

℞ Baies de genièvre concassées   250 gram.

Fumigation de goudron.

℞ Goudron. . . . . . . q. v.
Eau bouillante. . . . q. s.

Recommandée dans les catarrhes chroniques et la phthisie.

Fumigation de soufre.

℞ Soufre sublimé. . . . 30 grammes.

Destiner pour cela une chaudière particulière

et avoir une seule mèche de la lampe allumée; le couvercle doit être bien fermé.

Toutes les affections contre la peau en général, surtout à l'état chronique.

Fumigation stimulante.

℞ Absinthe. .   .   .   .   . 20 grammes.
Armoise. 20   id.

dans la chaudière d'eau bouillante. Employée avec succès.

Dirigez particulièrement la vapeur sur les parties sexuelles.

Ces fumigations conviennent pour ramener la menstruation tardive ou interrompue.

IX

DES INHALATIONS.

On peut, avec le Balnéotherme portatif, produire également des inhalations d'iode et des inhalations de goudron qui peuvent remplacer les inhalations des établissements thermaux.

RAPPORT

SUR LE

BALNÉOTHERME PORTATIF

Du Docteur POMIER

MÉDECIN A ÉGRYZELLES-LE-BOCAGE (YONNE)

Séance du 13 septembre

DÉPOT GÉNÉRAL A PARIS, RUE DE LA LINGERIE, 4

MESSIEURS,

A toutes les époques et chez tous les peuples, les bains ont constitué un puissant moyen d'exciter les fonctions de la peau et de prévenir les maladies. Aussi la plupart des sources étaient-elles chez les anciens consacrées à Hercule, le dieu de la force. Les bains d'étuve étaient surtout fort en usage.

Il y avait, comme de nos jours, deux sortes d'étuves : celles qui sont sèches et celles qui sont humides. Les premières ne sont autre chose que des pièces chauffées à une température élevée. Chez les Romains, on les plaçait au-dessus de la voûte d'un four. — Les étuves humides se distinguent des précédentes par une abondante vapeur d'eau, dont la température s'élève à 45 degrés centigrades et au-dessus. Dans cette circonstance, ce n'est pas seulement le calorique qui agit, mais bien aussi la vapeur aqueuse.

Le luxe oriental a construit des salles élégantes dans lesquelles le Turc, vêtu d'un burnous de coton, se couche sur un pavé de marbre, transpire abondamment et se fait laver, frictionner et masser. La vapeur d'eau arrive directement dans les salles au moyen de conduits, ou est instantanément formée par de l'eau que l'on projette sur une plaque métallique chauffée au rouge.

Les Russes, les Finlandais, ont leurs étuves constituées par des chambres en bois, dans lesquelles on produit de la vapeur en jetant de l'eau sur des cailloux rougis au feu. On obtient ainsi une élévation de température qui peut atteindre 60 degrés. En sortant de ces brûlantes étuves, l'habitant des pays froids se roule dans la neige ou se plonge dans un bain d'eau glacée.

En France, la plupart des stations thermales possèdent des étuves médicamenteuses naturelles, produites par la vapeur d'eau qui s'échappe de sources d'eau chaude, et qui, suivant sa composition, a des propriétés thérapeutiques variables. Telles sont les étuves sulfureuses, alcalines, etc. Dans quelques centres importants de population, on a construit à grands frais des étuves artificielles, véritables bains de vapeur de chambre, où le malade, nu sur un lit, reçoit la vapeur d'un générateur devant fonctionner à une pression de 3 ou 4 atmosphères ; ou encore des appareils portatifs plus ou moins ingénieux, administrant ces bains en boîtes, ou plaçant le malade sur une chaise, etc., etc. Tous ces moyens fatiguent plus le patient qu'ils ne le soulagent.

M. le docteur Pomier a conçu l'idée d'un balnéotherme qui remplace l'étuve de vapeur à domicile ; il est d'un usage extrêmement facile. Il sert à volonté, à l'aide de quelques agencements variés et mobiles, à former instantanément sur un matelas ou sur un lit une chambre d'étuve artificielle, où la vapeur est formée de suite à l'instar des étuves thermales.

Voici la description de cet appareil, dont l'efficacité est incontestable :

Le *balnéotherme* se compose de deux parties : 1° Deux cerceaux incomplets par rapport au cercle, réunis au moyen d'agrafes et de trois bandes de fer ajoutées, constituent une voûte sous laquelle le malade, préalablement étendu tout nu sur matelas ou sur son lit, doit être placé. 2° Un générateur de vapeur en cuivre formé de plusieurs parties. La première, qui contient les lampes à esprit-de-vin et qui doit servir seule quand on veut avoir un bain de vapeur sèche, doit renfermer de l'eau dans les deux tiers de sa cuvette pour augmenter la vapeur produite, tout en rendant l'air respirable. Les lampes doivent être munies de mèches assez fortes pour produire une flamme large. Les autres parties ne sont employées que pour les bains composés.

Voici comment on prend ce bain de vapeur :

On fait mettre le malade nu sur un matelas recouvert d'un drap, près de son lit, ou dans son lit même pour un bain de vapeur sèche ; on met la voûte au-dessus de lui, on la recouvre de toile imperméable ; on fait appuyer la tête du malade sur un oreiller. Après cela, on place l'appareil au pied du matelas et sur le parquet, laissant dépasser la voûte pour que la vapeur s'échappe facilement.

Pour administrer un bain de vapeur sèche, un bain de vapeur sudorifique, on doit enlever la chaudière, et ne laisser à l'appareil que la première partie. Au bout d'un quart d'heure environ, le malade éprouvera une grande chaleur, et un quart d'heure après, il aura une transpiration des plus abondantes.

Si l'on veut un bain de vapeur humide, on emploiera l'appareil complet, et on pourra mettre dans la chaudière, remplie au préalable et dans ses deux tiers d'eau bouillante, de l'eau aromatique ou de l'alcool camphré. Pour un bain de vapeur sulfureuse, on mettra quinze grammes environ de soufre sublimé sur la grille. Quant aux plantes médicamenteuses que l'on voudra employer, elles seront également placées sur la grille : la vapeur les traversant s'imprégnera de leurs principes et viendra se répandre sous la voûte. Les bains composés seront préparés avec les diverses substances indiquées dans la notice explicative et médicale du docteur Pomier qui accompagne son appareil.

Le vinaigre, le camphre, le succin, la myrrhe, les plantes astringentes et aromatiques qu'on réduit en poudre, toutes les gommes, les oxydes métalliques, peuvent être employés. On vaporise encore des substances végétales ou animales par infusion ou par décoctions mélangées avec des acides ou des liqueurs alcooliques ; le baume de Fioraventi, l'éther, l'acide acétique, l'ammoniaque, etc., etc.

Toutes les fumigations faites au moyen d'un liquide composé, mises en vapeur dans la chaudière, produisent des effets qui ont des résultats d'une triple action : celle de la substance principale que contient la liqueur, celle du calorique, et enfin l'action du liquide réduit en vapeurs. Quand on produira des vapeurs nuisibles à la respiration, la tête du malade devra être hors la voûte ; il sera bon, dans ce cas, de tenir sur le front du malade des compresses trempées dans l'eau fraîche pour diminuer la congestion du côté du cerveau. Le malade pourra encore, à l'aide d'un tube en caoutchouc, aspirer de l'air extérieur dans ces cas seulement.

Ces bains de vapeur sont employés avec beaucoup de succès, et réussissent le plus souvent contre les rhumatismes, la goutte, le lumbago, la gale, les dartres, les hydropisies, les engorgements abdominaux, les tumeurs blanches, le tétanos, la dysménorrhée, l'asphyxie par submersion, etc., etc.

Un des plus grands avantages que présente cet appareil, c'est de remplacer essentiellement les étuves thermales médicamenteuses à domicile, de permettre d'obtenir une sudation rapide et complète, et surtout de ne plus donner lieu aux symptômes de congestion cérébrale, si communs par l'emploi de la plupart des appareils à bains de vapeurs. Cette invention, Messieurs, constitue un véritable progrès, tant par les services qu'elle peut rendre dans les campagnes et les villes dépourvues de moyens d'administrer la vapeur, que par son bon marché (1). Nous avons donc l'honneur, Messieurs, de vous proposer de décerner à son savant auteur, M. le docteur Pomier, une récompense digne de son mérite.

Récompense : Médaille d'argent.

Le Rapporteur,

Docteur B. Lunel.

Les Commissaires :

Docteur Caton et Maingaud (du Gard), pharmacien de première classe.

---

(1) Appareil complet, avec drap imperméable, 50 francs.

XI

CONCLUSION.

Par tout ce qui précède, il sera démontré à tous les médecins, que le Balnéotherme portatif devrait être adopté dans tous les établissements hospitaliers dépourvus d'appareils, ou ayant déjà des appareils incomplets ou insuffisants: Il serait à souhaiter, pour le bien général, que chaque commune de France soit munie d'un Balnéotherme portatif, ce qui donnerait de l'extension à la méthode de sudation, si bonne et si active dans les affections que nous avons nommées. Nous faisons également des vœux pour que l'administration de la guerre, et surtout de la marine, adopte notre système pour ses établissements hospitaliers et pour les vaisseaux de l'État.

TABLE DES MATIÈRES

Le Balnéotherme portatif est contenu dans une boîte d'un petit volume et peut être monté dans quelques minutes pour administrer un bain de vapeur.

Le prix de l'appareil est de 50 fr.; une remise de 10 fr. par appareil est faite à tous les médecins.

Pour toutes demandes de renseignements et d'expéditions, écrire franco au dépôt général, 4, rue de la Lingerie, à Paris.

Paris. — Imp. de W. REMQUET, GOUPY et Cie, rue Garancière, 5.

www.ingramcontent.com/pod-product-compliance
Ingram Content Group UK Ltd.
Pitfield, Milton Keynes, MK11 3LW, UK
UKHW021155140726
13695UKWH00005B/2164